par Ducherne fils.

S. 1188
D.

FORMATION

DES

JARDINS.

On trouve chez le même Libraire l'Al-
manach d'Agriculture , néceffaire à tout
Laboureur , Fermier, Cultivateur, &c.

Cet Ouvrage a commencé en 1773 , il
en paroît un Vol. *in*-12. tous les ans.

Le Vol. de 1773, broché,   1 liv. 4 f.

Le Vol. de 1774, broché,   1 liv. 4 f.

Le Vol. de 1775 , augmenté de 100 pa-
ges , broché ,   1 liv. 10 f.

SUR LA
FORMATION
DES
JARDINS;

PAR L'AUTEUR DES CONSIDÉRATIONS
SUR LE JARDINAGE.

Nous avons du Plaisir lorsque nous voyons un
Jardin bien Régulier, & nous en avons encore
lorsque nous voyons un Lieu brut & Champêtre.

Montesquieu, sur le Goût.

A PARIS,

Chez DOREZ, Libraire, rue Saint-Jacques,
vis-à-vis la rue du Plâtre.

---

1 7 7 5.

A V I S.

LA Formation des Jardins eſt devenue un objet également intéreſſant aux Artiſtes & aux Littérateurs.

Il exiſte entre les Partiſans des anciens Jardins du Genre régulier, & ceux des nouveaux Jardins du Genre libre, un différent, dont ſe rendent juges tous ceux qui prétendent au bon goût. Il a déja paru quelques écrits fur cette matière ; on fait que plufieurs Ecrivains de mérite fe propofent de la traiter , tant en Profe qu'en Vers ; c'eft ce qui détermine à préfenter promptement au Public les Confidérations fuivantes , qu'on peut regarder comme élémentaires , & comme une introduction nécefſaire à la lecture des autres Ouvrages fur la Formation des Jardins.

C'eft dans cette même vue, & pour fe conformer au defir de plufieurs Amateurs , qui ont eu communication du Manufcrit, qu'on a pris un format différent de celui des *Confidérations fur le Jardinage* , qui ont été publiées *in-24*. en 1772 , 1773 & 1774 , à la fuite du *Jardinier Prévoyant.*

Ces deux Ecrits fe complettent réciproquement , l'Auteur ayant eu pour objet dans le premier de traiter de la Culture & de fes effets, n'avoit dit que deux mots , en paffant , de la Formation & de la Diftribution des Jardins, qui fe trouve traitée dans celui-ci.

On pourra donner dans le même

format une seconde Edition aug-
mentée & corrigée des Confidé-
rations fur le Jardinage, fi le Pu-
blic. paroît le defirer.

SUR

SUR

LA FORMATION

DES JARDINS.

I. CHOISIR un fite gracieux pour y
établir fon domicile; difpofer, non-feu-
lement avec commodité mais encore
agréablement, les chofes néceffaires à
la vie ; enrichir enfin fon voifinage
d'objets de pur agrément, pour y former des points de promenade , des
points de repos & des points de vue :
tels furent dès l'origine les effets néceffaires du bon goût que l'homme
aifé porte fur tout ce qui l'environne;

A

la satisfaction du plaisir des yeux devenant un besoin pour celui qui a du
loisir & qui jouit abondamment des né-
cessités de la vie. Telles sont encore
aujourd'hui les trois branches qui com-
posent l'Art de la Formation des Villes
& des Palais, des Jardins & des Parcs;
cet art si vaste & si profond, qui par
l'étendue des lieux où il s'exerce, n'a
d'autres limites que celles de l'organe
même de la vue; & qui par la diver-
sité des matériaux qu'il emploie embrasse la Nature entiere. Cet art cependant s'est trouvé comme les autres
sujet aux vicissitudes de la mode.

Il semble que pendant un tems,
jaloux de la puissance qui lui a été ac-
cordée sur la Nature, l'Homme ait
craint de lui laisser la moindre apparence de liberté: on paroît aujour-
d'hui, en préférant les beautés naturelles, proscrire à l'Art tout ce qu'il
pourroit faire de régulier. Est-il un

de ces deux fentimens qui mérite la préférence à l'exclufion de l'autre ? ou feroit-il un moyen de les concilier? C'eft ce qu'on a deſſein d'examiner ici.

Diſtinction des deux Genres, le Naturel & le Régulier.

II. La Nature a des droits fort étendus fur tout ce que l'Art entreprend : lors même qu'il femble la gêner, ce n'eft qu'en l'imitant qu'il peut réuffir à plaire. Cependant cette imitation fe réduit quelquefois à des principes fi généraux, à des fpéculations fi vagues, que dans la pratique il faut convenir que l'Art fuit une marche très-oppofée & comme contradictoire à celle de la Nature.

S'agit-il d'une retraite, dans laquelle l'homme puiffe trouver l'abri contre les intempéries, & la fûreté contre les bêtes farouches, fe raffembler même par grandes troupes pour délibérer fur le bien commun, ou pour honorer l'Etre-fuprême? la Nature offre des Cavernes & des Grottes; l'Art élève des Bafiliques & des Temples. Le contrafte & la riche variété des formes fait la beauté de ces édifices naturels; mais ce qui ravit d'admiration dans la belle Architecture, c'eft la régularité & la noble fimplicité de l'enfemble.

En cela l'Imitation fe réduit donc à égaler, s'il eft poffible, par une conftruction hardie la légereté & en quelque forte l'immenfité de ces grottes fouterraines que l'œil ne confidere qu'avec effroi; mais l'Art ne cherche point à en impofer. Il ne tente point de faire regarder comme des ouvrages de la Nature les coupes favantes & les proportions gracieufes qu'il a puifées avec goût dans la Géométrie. Loin de fe cacher, il fe plaît à fe faire admirer dans les détails, comme dans l'Ordonnance générale : une seule pierre laissée dans sa grossiereté depareroit tout l'édifice ; tandis que les sculptures & les enrichissèmens de marbres bien étoffés, de métaux distribués avec sagesse & travaillés avec soin, captivent l'attention du spectateur & complettent sur lui l'enchantement.

III. Mais il n'est ici question que d'un objet simple : si grande qu'en soit l'étendue, l'œil du spectateur l'embrasse aisément en entier, en quelque point qu'il se trouve placé. Il supplée par réminiscence ce qu'il ne peut plus appercevoir ; ou s'il cherche à le retrouver, la perspective qui varie à chaque pas qu'il fait, lui offre cent tableaux pour un.

C'est ainsi que la Régularité peut nous plaire : & si ces observations sont vraies dans la construction des édifices, pourroient-elles ne le pas être dans la Formation des Jardins, desti-

nés à correfpondre, par leur plan général, à tous les points d'un Palais ou
d'une Maifon de plaifance , & à procurer dans les promenades de ceux
qui l'habitent, une abondante richeffe
d'objets de détails & de furprifes amu-
fantes.

Peinture de la terre brute.

IV. La fuite de cette comparaifon
nous fera reconnoître dans la difpofition de tout ce qui peut entrer dans
un payfage la diftinction des deux gen-
res, l'un Libre ou naturel, l'autre Régulier. Quelqu'entremêlées qu'en foient
les productions, elles ne peuvent jamais
fe confondre.

V. La Nature livrée à elle-même,
comme en plufieurs contrées de l'Amérique, nous offre des Montagnes tantôt
fufpendues par des Rochers dépouillés,
dont le pied forme des précipices; des
Lacs & des Rivieres , dont les unes

toujours débordées inondent les terres
baffes où elles coulent avec lenteur ,
& dont les autres font des Torrens ra-
pides , qui roulent avec fracas des flots
impurs , & qui fouvent après avoir
franchi dans leurs Saults des hauteurs
énormes , fe perdent tout-à-coup dans
un Marécage. Des Forêts immenfes
occupent la plus grande partie des bon-
nes terres : le refte n'eft guere com-
pofé que de plages arides , excepté
quelques *Savanes* ou Prairies naturelles, hériffées de brouffailles, & encore
plus impraticables par la crainte d'y
trouver des Reptiles dangereux , ou des
Infectes vénimeux également redoutés
par leur nombre.

Un filence effrayant , que les cris
feuls de quelques animaux farouches
interrompent, achève de répandre l'horreur dans ces lieux déferts, dont la
nouveauté feule peut captiver quelques
inftans le Voyageur animé par le defir

d'obferver des pays inconnus. Auffi dans ce tableau ne voyons-nous que la Nature délaiffée : fon plus bel ornement lui manque; il n'y paroît point de traces d'homme.

Peinture de la terre cultivée.

VI. Mais lorfque dans fes travaux l'Homme n'eft guidé que par les Vues économiques de la bonne culture, il laiffe encore à la terre une tournure qu'on peut appeller Naturelle, par oppofition avec la parure étudiée de nos Jardins, & c'eft en cet état que la Campagne nous plaît.

On aime à y voir à chaque pas le fruit de l'Induftrie humaine. Ici un Ruiffeau refferré dans un lit fuffifant pour y faire couler doucement une eau limpide, traverfant fuivant les ondulations que produifent les pentes du terrain, des Prairies tantôt émaillées de fleurs prêtes à tomber fous la faux,

tantôt animées par le riant fpectacle
des beftiaux qui y recueillent le lait
pour notre ufage. Là , un côteau gra-
veleux chargé de Seps , dont l'efpoir
d'une heureufe Vendange rend la vue
délicieufe. Ailleurs de vaftes Plaines
auxquelles la charrue a prefque donné
le niveau d'une mer , & dont l'afpect
paffe progreffivement par les couleurs
de la Terre en jachere , labourée ,
herfée ; puis de l'Herbe naiffante ; s'é-
maille paffagerement par les fleurs de
ces plantes volontaires , qui malgré la
vigilance du Cultivateur fe gliffent parmi le bon grain ; & prend enfuite peu-
à-peu cette couleur blonde de maturité, tant chantée par les Poëtes , & fi
digne par l'abondance que va répandre
la Moiffon qu'elle prépare , de verfer
dans tous les cœurs la joie la plus pure
& la plus folide.

Des Sentiers, qui coupent en différens fens les champs & les prés, décè-

lent le befoin qu'ils ont de la main de l'homme ; & les chemins rouliers qui les entourent , annoncent que les Récoltes en font voiturées par les Animaux qu'il s'eft rendu domeftiques , pour diftribuer en tous lieux les fubfiftances. Avec quel plaifir n'y voit-on pas des Demeures ruftiques , dont l'extérieur fimple répond à la vie de ceux qui l'habitent.

Les Bois mêmes acquièrent , par la fréquentation de l'homme , un air moins farouche & moins effrayant. Les Arbres fruitiers raffemblés dans les lieux qui leur font favorables, & glorieux des foins qui leur font prodigués , fe chargent de Fruits dont l'abondance & la beauté femblent fe difputer : tout dans la Nature fourit à la vue de fon Maître , qui jouit délicieufement des beautés qu'elle acquiert fous fes loix.

Mérite de l'Uniformité.

VII. Devons-nous croire cependant

que la prévoyance du profit que nous
doit apporter la Culture, foit l'unique
fource du plaifir que nous trouvons
dans le Spectacle de la campagne cultivée ? N'en trouveroit-on pas une fe-
conde dans l'impreffion que fait fur
tous les yeux une Uniformité impo-
fante, figne du Pouvoir abfolu de celui qui réuffit à l'établir. C'eft l'Uniformité qui conftitue la beauté de prefque tous les objets bornés. C'eft elle
qui nous plaît dans l'ordre de bataille
d'une Armée , comme dans l'ordonnance d'une Illumination. C'eft donc
auffi de l'uniformité que procède l'afpect agréable des diverfes Cultures ;
tandis que leur mélange remédie au
dégoût que pourroit amener le défaut
de variété.

VIII. Mais dans le Genre champêtre, cette uniformité cède à chaque
pas aux inégalités du terrain , & à la
variété du fol ; & dans tous les lieux

que l'Homme abandonne quelques inftans, la Nature reprend fes droits. Elle
produit des plantes aquatiques au bord
des Ruiffeaux, dont il a dirigé le cours :
s'il émonde les Aunes, s'il étête les
Saules & les Peupliers ; elle les fait
repouffer auffi inégalement qu'elle les
avoit fait croître.

Une partie des Forêts eft encore fon
ouvrage ; & dans les Bois femés de
main d'homme, le laps du tems qui
efface toute trace de culture, les Clairie-
res formées par la mort de tous les individus foibles, & les Accrues naturelles qui
fe font au-dehors, lui rendent prefque entierement fon empire fur cette portion
de nos Domaines.

Elle couvre nos Jacheres & les Li-
fieres de nos chemins de Plantes, dont
elle feule conferve l'efpèce, fouvent
même malgré nous.

Enfin les Pentes des terres, quoiqu'a-
doucies par l'effet fucceffif d'une fur-

veillance affidue dans des Labours accumulés, confervent encore leurs directions primordiales. Des Ravins tortueux, que l'écoulement des eaux forme dans les defcentes plus roides, les entrecoupent bifarrement. Les Chemins même, quoique tracés par l'Homme pour fes befoins, femblent l'effet du hazard, par les détours que leur caufent l'inégalité des lieux qu'ils parcourent.

IX. L'Art & la Nature font donc fans ceffe aux prifes dans la diftribution & dans l'emploi du terrain des Campagnes; & ce n'eft pas fans plaifir que nous les voyons fe le difputer. Mais l'Ordonnance générale eft dans les mains de la Nature, puifque même dans les établiffemens qui femblent dûs à la volonté de l'Homme, c'eft elle qui, par les avantages & les défavantages qu'elle lui préfente, détermine fon choix, fans aucun égard à la régularité.

APANAGE

DU GENRE RÉGULIER.

I. L'ART à donc voulu fe procurer des états en propre, dans lefquels il pût régner auffi abfolument que la Nature dans les fiens, & fe l'affervir à fon tour.

Cette entreprife n'étoit rien moins que capricieufe : une forte de néceffité de convenance l'exigeoit.

II. L'Habitation placée au lieu le plus agréable au Maître, eu égard au voifinage de l'eau, à la proximité d'un grand chemin, ou à la jouiffance d'une vue riche & étendue, ne pouvant, par fa conftruction même autant que par fa pofition, paffer pour un ouvrage de la Nature, étoit devenue réguliere dans tous fes points, afin

de ne laiſſer échapper aucun agrément
dans le genre qui lui convenoit. Mais
le pourtour d'une maiſon réguliere
peut-il ne pas être une Terraſſe dreſ-
ſée de niveau, avec une légere pente
pour en deſſécher le pied?

Les Routes qui y mènent étant alignées, pour procurer par la ligne droite la voie la plus courte; ne falloit-il
pas, au moins dans les extrémités voi-
ſines de l'habitation, les border d'Arbres
pareillement alignés, choiſis du même
âge, d'une ſeule eſpece, ou au plus de
deux entremêlées; les placer à diſtances
égales; diriger même leurs branches, de
maniere à laiſſer de l'air au chemin?
afin qu'on vît qu'ils avoient été placés
ſur les deux côtés de la route, pour
procurer de l'ombrage à celui qui avoit
eu l'induſtrie de la rendre ferme &
unie pour ſa commodité.

L'air & le ſoleil étant néceſſaires à
la ſalubrité d'une habitation, pouvoit-

on se dispenser de l'isoler par une Esplanade? Et cette Esplanade, qu'on ne vouloit pas laisser entierement nue, publiant à tous les yeux qu'elle n'étoit pas l'effet du hazard, ne convenoit-il pas de disposer symmétriquement & de terminer régulièrement les Pieces d'eau, les Tapis de gazon, même les Fleurs & Plantes d'ornement qu'on y présentoit à la vue?

Enfin dans la plantation de Bois très-bornés & circonscripts par des allées dressées & sablées, pour qu'on pût s'y promener en tout tems, & alignées pour ne point offusquer la vue; dans l'intérieur de ces bosquets, dont une promenade assidue auroit eu bientôt banni l'air silveftre, quand même il n'eût pas été disparate avec les objets voisins, le bon goût ne demandoit-il pas que se livrant au genre régulier, on formât des Salles symmétrisées, majestueuses, tant par la belle proportion

entre

entre les diftances & l'élévation des
colonnes naturelles qu'emploie cette
Architecture végétale , que par la rec-
titude & la grace même des contours
que l'art des Tontures fait prendre à la
verdure, qui les entoure & les couvre (1). C'étoit en tous points fe conformer au premier principe de déployer
en fon entier le pouvoir de l'Art, &
d'en fuivre les règles avec recherche,
jufques dans les détails, dès qu'une fois
le genre régulier domine dans la partie principale.

III. Veut-on fe confirmer par quelques exemples un principe auffi important?

Je m'en tiens à la comparaifon des
deux promenades publiques les plus

_____

(1) On pourroit citer ici aux détracteurs de
la Régularité la fuperbe compofition de LE
NôTRE, dans ce qu'on nomme à Trianon la
Salle des Marronniers.

B

fréquentées de Paris, le Palais-royal &
les Thuileries; ou à celle de l'ancienne & de la nouvelle plantation des
Champs-élifées. Dans l'ancienne difpofition des arbres de ce grand Cours,
abattus en 1759, ainfi que des arbres du
Jardin des Thuileries, en formant des
allées & des falles, on avoit négligé les
lignes diagonales, qui font ménagées très-
fidèlement dans les nouveaux quincon-
ces du Cours & du Palais-royal. S'ils plai-
fent davantage, n'eft-ce pas précifément
parce qu'ils font mieux d'accord avec
eux-mêmes, au lieu que les anciennes
Plantations, déja trop Uniformes pour
paroître une portion de futaie, n'étoient
pas affez Régulieres pour éviter le re-
proche de méprife ou de négligence
dans leur Formation ?

IV. Mais n'oublions pas un terme
effentiel dans la comparaifon des Edi-
fices & des Jardins réguliers. Leur enfemble ne doit pas excéder la portée

de la vue : on doit pouvoir le faifir d'un coup-d'œil, comme un corps bien proportionné.

Tout au plus ; qu'il en foit comme d'un Groupe, dont on fait le tour pour le contempler fous toutes fes faces. Que les divers afpects du Jardin régulier, dont une courte promenade autour du Manoir préfente fucceffivement la jouiffance , fe trouvent fi bien liés avec les bâtimens , qu'ils en femblent des fuites néceffaires, comme les diverfes parties de l'édifice lui-même, par leur Correfpondance & leur fubordination à l'Habitation principale, annoncent le lieu où réfide le Maître & le chef de la famille, & publient que tout eft fait pour lui.

Défauts à éviter.

V. Etendre la Régularité dans des endroits trop éloignés , & établir une Symmétrie calquée dans des lieux dont

la correfpondance a befoin d'être cher-
chée ; embraffer enfin avec tant de
préférence un genre de Décoration
qu'on l'emploie par tout fans variété,
font trois défauts confidérables également effentiels, qui par l'ennui qu'ils
procurent, arrêtent tout l'effet qu'on
eft en droit de demander aux Jardins
réguliers, favoir de frapper d'admiration ceux qui les parcourent pour la
premiere fois, & d'enchanter de plus en
plus chaque jour le Connoiffeur qui les
fréquente, lorfqu'il a bien faifi l'efprit
de leur Formation (1).

———————————————

(1) Les réflexions précédentes ne font pas
moins applicables aux Bâtimens qu'aux Jardins. Sans un grand détail à cet égard, il
fuffira de demander pourquoi les Statues
équeftres de Louis XIII & de Louis XIV
femblent enfermées dans des cloîtres fafti-
dieux ; & d'où peut provenir au contraire

VI. C'eſt bien ici le lieu de rappeller cette règle ancienne énoncée par
Caton d'une manière ſi expreſſive : *bâ-
tiſſez* , dit-il , *de maniere que la maiſon ne cherche pas le jardin ;* on pourroit ajouter , *ni le jardin la maiſon.*

La même différence qu'on exige entre le Palais d'un Souverain, le Château d'un grand Seigneur & la Maiſon
de campagne d'un particulier, doit ſans
doute régner dans les Jardins qui les
accompagnent. Mais ne pourroit-on pas
dire que , depuis un tems , tous ces Jardins excèdent également en étendue
cette proportion que le bon goût exigeoit ?

Il ſemble même que cet excès, en ame-
nant l'ennui, que nous regardons comme
ſa conséquence néceſſaire, eſt ce qui a le

_____

l'agrément qui ſe trouve dans la poſition de
celles d'Henri IV & de Louis XV.

B 3

plus décrédité de nos jours le Genre régulier. Fatigué de parcourir des parterres, des allées, des falles, des bofquets décorés uniformement, quelquefois fans goût, & le plus fouvent fans
agrément, par ce que hors-d'œuvre, on
n'y retrouvoit que le Caprice qui les avoit
fait faire, ou la Routine d'après laquelle
ils avoient été tracés; on a commencé par s'y déplaire, & par leur préfé-
rer des Promenades champêtres : enfin
on donne aujourd'hui tellement la préférence à ces dernieres, qu'on veut
s'épargner la peine de les aller chercher, & amener la Campagne dans l'enclos même de fes Murs.

Eft-ce ainfi refferrée qu'elle peut
plaire ? ou du moins quelle partie de
fes agrémens peut-on fe procurer dans
de fi étroites limites ? Enfin quelles
circonftances femblent-elles être néceffaires pour y réuffir ? Mais fur-tout
quelle eft, dans l'un & dans l'autre

Genre, l'Harmonie qu'il faut conferver avec le Site naturel du lieu & de tout ce qui l'environne ? & combien n'eft-il pas tout enfemble & fage & gracieux de favoir profiter heureufement des points donnés : c'eft ce qui nous refte à examiner.

Profiter des points donnés.

VII. Avant de quitter le Genre régulier, arrêtons-nous à cette intelligence de diftribution, qui fans jetter dans les dépenfes également ingrates & infructueufes des grands mouvemens de terre, fait préfenter un commencement de Symmétrie affez étendu pour fatisfaire le premier coup-d'œil, & l'arrêter à propos fuivant que l'exigent les convenances ; qui fait Mafquer un biais ou une inégalité de terrain, par une façade de bofquet, dont une moitié fe trouve fur les limites mêmes de l'enclos, tandis que l'autre, après avoir offert dans fon intérieur un point de repos, eft le commencement d'une nouvelle Promenade & en devient le centre.

Voyons le génie du Formateur lui faire difpofer fes alignemens de maniere que par les foffés ou fault de loup, pratiqués fur les bords de l'enceinte, on jouiffe des avantages de la Clôture, fans s'y trouver renfermé; & que les objets du dehors fe lient tellement avec la diftribution intérieure, qu'ils n'y paroiffent point étrangers.

Voyons-le varier les coupes des terres & la difpofition des bois, de maniere à conferver à l'habitation la nobleffe qui fait fon caractere, en donnant au jardin l'air riant qui lui convient; y conferver à ce deffein une libre entrée au Soleil, qui feul égaye les Payfages, en même-tems qu'il vivifie la Nature.

VIII. Et pour fixer un peu plus

nos idées, jettons un coup-d'œil rapide
fur la formation du Jardin de Verſailles.

ESPRIT DE LA FORMATION DE VERSAILLES.

I. Louis **XIII** avoit placé ſa petite
maiſon fur une tertre iſolé, précédem-
ment occupé par le moulin deſtiné au
ſervice des plaines baſſes du voiſinage,
qui entourées de Collines , étoient tellement expoſées au vent, que leurs Grains
fréquemment verſés, avoient attiré à la
Paroiſſe le nom de *Verſailles*.

Ce petit Château, enveloppé par Louis
XIV de ſuperbes bâtimens, s'eſt trouvé changé en un palais magnifique ;
mais ſon heureuſe poſition fera toujours
une partie eſſentielle de ſa beauté.

Depuis les trois Avenues en patte
d'oie, qui y amènent des lieux voiſins,
on monte progreſſivement par la gran-

de efplanade de la Place d'armès, par l'Avant-cour & la Cour Royale jufqu'au plein-pied du Château, qui domine fur les deux portions de Ville jettées à droite & à gauche.

Du côté du Jardin, un plateau fe préfente au Soleil couchant. Vers le nord, la Defcente prefque confervée dans fa pente naturelle, fe trouve coupée par deux Bofquets placés en avant, & par une maffe de bois, qui termine le percé du milieu fur la clôture même du Jardin, qu'il eût été fâcheux d'ouvrir aux vents froids. Ces Arbres au contraire fe trouvent frappés du foleil, depuis le matin jufqu'à fon coucher, pendant une partie de l'année, ou au moins dans l'été jufqu'au tems où l'on cherche la fraîcheur du foir: ils en paroiffent plus beaux; & par l'abri qu'ils procurent au Parterre qu'ils accompagnent, ils favorifent fingulierement la culture des Fleurs qu'on y veut élever.

La même difpofition répétée à la gauche du bâtiment, outre le défaut d'une fymmétrie inutile comme trop éloignée, eût été d'une difformité & d'une trifteffe infoutenable, par les ombres allongées des Arbres fur le Parterre. Auffi trouve-t-on de ce côté le plein-pied maintenu jufqu'à une certaine diftance : la Terraffe foutenue par le bâtiment de l'Orangerie, s'y précipite à pic, comme les Falaifes qui bordent la Seine & quelques autres fleuves vers leurs embouchures.

Deux immenfes Efcaliers terminent les deux bouts de cette terraffe; & forment, par leur enfemble, le foubaffement le plus noble qu'on ait pû concevoir au Château vu de trois quarts en fe tournant vers le Nord-eft.

Un grand chemin, fur lequel l'œil plonge, borde le foffé qui fert de limite; & par-delà une Pièce d'eau, creufée pour deffécher cette partie baffe, conduit l'œil jufqu'à la colline voifine, couverte d'arbres ombrés par fa pente au nord, mais affez éloignés pour ne point attrifter la vue.

De la forme de cette pièce, fi prodigieufement allongée qu'elle femble une rivière à ceux qui l'apperçoivent par le flanc, il ne réfulte par la perfpective au point où elle doit être vue, qu'un miroir bien proportionné.

Enfin la face du Château, fans point de vue, parce que le local n'en offre aucun de fort étendu, préfente cependant un percé de près d'une lieue de longueur, & affez refferré pour donner à cette diftance tout fon avantage.

Des efcaliers & des rampes difpofées en Fer à cheval varient d'une troifieme maniere la defcente du monticule, & préfentent le double avantage de fervir de foubaffement à l'afpect du Château vu de face, & de refferrer la

vue à l'entrée des Plantations , de maniere qu'on n'apperçoive point du Bâtiment l'ombre que porte le côté gauche.

II. Je ne parlerai point de la magnifi-
cence, on feroit même tenté de dire , de
la profufion avec laquelle le Marbre eft
répandu dans ce Jardin; de la beauté
des Sculptures, fi parfaites que des en-
thoufiaftes regrettent de les voir expo-
fées à l'air ; ni de l'intelligence avec
laquelle les Eaux jailliffantes font ménagées , de forte que les baffins fupé-
rieurs deviennent réfervoirs pour les
eaux baffes , qui fe raffemblent enfin
dans le grand Canal dont elles rem-
placent l'évaporation. Tous ces orne-
mens acceffoires , qui bien d'accord
avec le plan général , en relèvent beaucoup le mérite , & qui mal diftribués
gâteroient la plus belle Ordonnance,
font incapables de réparer une Formation manquée , & c'eft principalement

de la Formation dont nous nous occupons ici.

Défauts de ce beau Jardin.

III. Mais après avoir développé ce qui, dans le Jardin de Verfailles, attire l'admiration à tout ce qui s'apperçoit du Château, ne trouverons-nous pas dans le refte quelques exemples des défauts, que nous avons indiqués plus haut, comme devant amener l'ennui?

IV. Les Terraffes & le Tapis vert, feuls lieux où l'on jouiffe des beautés de cet enfemble, font auffi les feuls lieux fréquentés. Un cri général déclare ennuyeufe la promenade dans les bas du Jardin: & ce qui eft encore plus décifif; on les abandonne.

Quelles en peuvent être les raifons?

L'Uniformité dans la décoration des allées des Saifons, jufqu'à des diftances dont la Correfpondance ne fauroit être apperçue: l'Etendue, peut-être un peu trop grande des lieux qu'elles occupent, qui les fait trouver déferts & inhabités , tandis qu'à l'afpect des Grilles qui terminent les allées, on fent toujours avec chagrin qu'on eft enfermé : le défaut de Points de vue extérieurs : enfin le déplaifir encore plus grand de trouver l'entrée des Bofquets barrée par des enceintes particulieres, offençantes pour les promeneurs auxquels elles en profcrivent l'entrée, & incommodes même à ceux auxquels on en confie des clefs ; ce qui en ôtant la facilité de s'égarer dans des détours & de jouir de la variété de la décoration intérieure des bofquets , prive de la reffource que la promenade pourroit y trouver , en abandonnant les grandes allées comme des routes ennuyeufes.

V. Je ne m'arrêterai pas fur l'entiere & ridicule conformité du Bofquet Dauphin & de celui de la Girandole, plantés par Louis XIII. à la naiffance

du Dauphin fon fils , & dont la con-
fervation fut une loi impofée rigoureu-
fement au génie de LE NÔTRE : confer-
vation d'où réfulta le peu de largeur
de l'ouverture du Tapis verd , qui n'embraffe que les neuf croifées du milieu
de la Galerie , & l'impoffibilité de l'é-
largir au moins autant que le Canal ,
qui en embraffe quatre de plus.

Comme on femble , par la pofition
de la Colonnade & du bofquet des
Dômes , avoir voulu conferver la facilité d'élargir ce percé, lorfqu'on fera
dans le cas , où il en faudra venir tôt
ou tard d'abattre , & replanter tous les
bofquets à la fois ; il eft à croire qu'alors
on fera ce qui ne fut pas poffible d'abord.

Projets de réforme.

VI. Dans ce même cas d'une Re-
plantation générale , aujourd'hui que
l'on poffède plufieurs Arbres d'ornement inconnus ou trop rares dans le
fiècle

fiecle dernier , il feroit également facile de varier les Plantations, non-feu-
lement de l'intérieur des Bofquets ,
qu'on difpoferoit pour être fucceffivement en beauté , les uns au Printems
ou dans l'Eté , les autres en Automne
& même en Hiver ; mais encore de
varier même les bordures des grandes
allées , en fupprimant dans quelques-
unes les Charmilles, fi avantageufes &
prefque néceffaires dans les endroits
ornés de Figures de marbre , auxquelles elles fervent de fond, mais dont
la répétition dans les autres endroits
devient fatigante.

On pourroit, dans le voifinage de
l'Obélifque, où l'expérience a apris que
les arbres font d'une fi belle venue,
former une partie de Quinconce; &
l'égayer en fubftituant un foffé au
mur de clôture. Accompagner les Rocailles & les allées finueufes du Labyrinthe , qui font par elles-mêmes d'un

C

caractère gracieux , d'arbuftes à fleur
& de petites paliffades variées à chaque détour. Deftiner l'intérieur du
maffif correfpondant à la Salle du Bal ,
dans lequel fe trouvoit dépofés plutôt
que placés les trois fuperbes groupes
·des Bains d'Apollon , pour raffembler
les Arbres & les Plantes qui confervent leur verdure en Hiver , & procurer , dans les beaux jours de cette fai-
fon , une falle de repos, qui ne fe ref-
fente point de l'engourdiffement de la
Nature.

On pourroit pareillement faire des
Orangers de la plus belle Orangerie
qui foit, en aucun lieu des climats où
ils craignent le froid , un emploi, plus
gracieux peut-être , & fûrement plus
avantageux à leur fanté , que de les
laiffer en dépôt au-devant de la ferre ,
où ils font fi bien l'Hiver & fi mal
l'Eté , grillés par le reverbère des bâtimens qui les entourrent de trois côtés;

ce feroit d'en diftribuer, au moins une partie chaque année, au pourtour des deux baffins de l'Ile-royale, entremê-lés avec d'autres arbres, dont la mi-ombre leur feroit fi profitable, & dont le contrafte de hauteur, de figure & de couleurs feroit un délicieux effet.

Ce lieu, néceffairement renfermé d'une clôture particulière, pourroit en même-tems devenir le dépôt de quel-ques échantillons d'Arbres & de Plan-tes rares & curieufes, dont l'examen intéreffe prefque autant, quoique moins généralement, que le peut faire celui des animaux étrangers.

Enfin dans ces légers changemens, incapables de nuire au bel enfemble de la premiere Formation, & qui pro-bablement en augmenteroient l'intérêt, il feroient également poffible de ména-ger à la Famille Royale un agrément, dont le Roi de France, prefque le feul entre les Gens riches de fon Royaume, fe trouve conftamment privé dans fon féjour habituel ; favoir la poffibilité de prendre l'air en liberté, dans un Jardin particulier contigu aux Appartemens.

La chofe feroit d'autant plus facile, lorfqu'on aura terminé le nouveau Chemin de Marli , dans lequel celui de Trianon peut très-bien déboucher, que le pavé intérieur, qui fort de la Chapelle devenant alors inutile, on pourroit pratiquer une fortie par l'extrémité de l'aile neuve , & au moyen d'un paffage orné de Bofquets bas & fermé , conduire à cette réferve deftinée à l'amufement du Prince , de fa Femme & de fes Enfans , & de leurs familiers, qui occuperoit tout le tour du grand baffin de Neptune , & pourroit s'allonger du côté de la route actuelle de Trianon (1).

---

(1) J'apprends que, fuivant les Ordres du Roi, M. le Comte d'Angiviller , Directeur

VII. Après une digreſſion déja trop longue ſur quelques embelliſſe-mens qu'on pourroit faire à ce Jardin ſi célèbre & ſi digne de ſa réputation,

---

& Ordonnateur général des Bâtimens, vient de faire annoncer le 20 Novembre 1774, la vente de tous les Bois de Futaie, Arbres de ligne, Taillis & Paliſſades, dont ſont plan-tés les Jardins de Verſailles & de Trianon. Le voici donc arrivé ce moment prévu de-puis plus de trente années, & dans lequel il ſera poſſible de rectifier les légères imper-fections d'un des plus beau lieux de l'Uni-vers.

Me pardonnera-t-on d'oſer, encore à cette époque, publier des Réflexions & même des Projets, qu'il m'appartient ſi peu de former? Heureuſement ceci n'eſt que l'expreſſion fu-gitive d'une foible voix, qui a grand beſoin d'être peſée. Le bon goût du Juge qui doit en décider, & les talens de ceux, qui ſous ſes Ordres dirigeront l'exécution, ſont de ſolides garants de la ſageſſe du parti qui ſera ſuivi.

C 3

revenons à parcourir ſes dépendances ;
ce ſeroit ne l'examiner qu'à demi
que de rien dire du petit Parc, qui l'en-
ferme, & avec lequel il ne fait en quelque ſorte qu'un tout.

Défauts du petit Parc.

VIII. Et à cet égard, ſi les deux grands
percés du Canal & de la Pièce des
Suiſſes terminent ſi bien le Jardin, par
les belles Eſplanades qu'elles préſen-
tent, ne retrouverons-nous pas, dans le
reſte du Parc, cette même Uniformité
que nous avons déja vu déplaire dans
l'intérieur du Jardin ?

De nombreuſes Avenues à quatre
rangs d'Ormes ou de Peupliers blancs,
dirigées de différens ſens, & condui-
ſant toujours l'œil en ligne droite ſans
lui permettre de s'échapper de droite
ni de gauche : quelques parties décou-
vertes en Prés ou en Grains ; les autres

en Taillis : quelques Remifes, le plus
fouvent de forme régulière, & entourées de Pâlis ; aucune partie de Futaie,
ni de ces bois clairs & herbus, tels que
le bois de Boulogne, dans lefquels la Promenade eft fi délicieufe : point de Vi-
gnes ; tout le territoire étant peut-être
trop froid pour le permettre : un Hori-
zon toujours borné ; nulle apparence
de Bourgs ni de Villages voifins, ceux
de Trianon & de Choifi - aux - bœufs,
qui fe trouvoient dans l'enceinte du
Parc, ayant été facrifiés au plaifir de la
Chaffe & détruits vers 1690 : point
d'eau, foit d'Etang, foit de Riviere,
mais feulement quelques Réfervoirs
d'eaux pluviales raffemblées au loin
pour les Jets & les Baffins du Jardin ;
ces Réfervoirs, de forme régulière &
bordés de murs ; par-tout de la Con-
trainte fans richeffes, de la Décoration fans variété :... de forte que pour
jouir de la Nature, ou pour trouver

C 4

quelque point de vue fatisfaifant, il faut s'éloigner de près d'une lieue à la ronde; à moins qu'on ne veule tenir compte de la vue de la Ville & du Château de Verfailles, qui fe trouve fur la Colline de Satori au-deffus de la Pièce des Suiffes , dans les années où les Taillis nouvellement coupés n'ont pas encore crû affez haut pour la lui dérober.

Que de motifs d'ennui? auffi eft-il le fruit le plus ordinaire qu'on recueille dans cette vafte Plantation régulière, quoique l'une des mieux conçue, des mieux liée, dans toutes fes parties; mais rebutante par cela feul qu'elle eft trop vafte.

FORMATION DES PARTERRES.

I. A ce défaut d'une uniformité pouffée trop loin, nous pouvons oppôfer celui d'une Symmétrie puérile & fouvent imaginaire, dans la difpofition des Parterres.

II. La découverte du Buis nain, susceptible d'être réduit par la tonture à la hauteur & l'épaisseur d'une brique, ouvrit, au commencement du siècle dernier, un Genre particulier de Décoration. Les Parterres de broderie en Buis & en Gazon découpés, avec des Sables de couleur prirent une grande faveur. Et quoiqu'il s'en voie quelques-uns de ridicules, par le mauvais goût des figures qu'on leur fait représenter ; comme ils se conforment en entier au Genre régulier, convenable dans le voisinage des Bâtimens, lorsqu'ils sont tracés par un main habile, ils plaisent généralement & avec raison. Ils sont en outre les seuls qui conviennent aux Jardins publics, comme résistant mieux aux dégradations.

Dans d'autres Jardins, les Mignardises, les Staticées, l'Argentée, les Paquerettes & diverses autres Plantes basses, sont substituées au Buis, &

ajoutent à une verdure agréable & de
nuances variées, le mérite de fe cou-
vrir de fleurs en certaines faifons, &
quelques-unes celui de parfumer l'air
de leur odeur.

III. L'Art de nuer auffi les Gazons
étoit le feul agrément qu'il reftoit à
introduire dans ce Genre de Parterres.
Les effais annoncés dans le *Jardinier
prévoyant* pour l'année 1775, font
croire qu'avant peu les Marchands de
Graines bien affortis (1), vendront des
graines triées & étiquetées des diverfes efpèces de Graminées, de Trèfles,
& du petit nombre d'autres Plantes
propres aux Gazons, comme ils ven-
dent déja les graines des Prairies artificielles.

Le feul moyen qu'on connût autre-

---

(1) Tels que les Sieurs *Andrieux* & *Vil-
morin*, au Roi des Oifeaux, quai de la Mégif-
ferie

fois de femer , foit un Pré , foit un
Gazon , étoit de ramaffer la graine de
Foin dans les balayures des greniers. Mais
des Cultivateurs attentifs ayant reconnu
que par rapport aux Prairies , dans les
Plantes de ce mélange , les unes étoient
plus profitables , d'autres inutiles &
d'autres nuifibles ; que d'ailleurs les
unes pouffent plus promptement que
les autres, ou plus ou moins haut, dans
les terrains qui leur conviennent, ont
fagement imaginé de femer féparément
les plus fortes & les plus productives
de ces Plantes.

Ces effais, faits en différens pays , ont
fucceffivement donné à l'Agriculture ,
la Luzerne , le Sainfoin , le Fromental ,
le grand Trèfle , tous deftinés à produire abondance de fourage fec ; le
Raigras , excellent en vert pour les
chevaux; la Lupuline & le petit Trèfle
jaune , merveilleux l'un & l'autre pour
les Prairies volantes, qui ne tiennent la

terre qu'une feule année ; le Timoti,
deftiné à la nourriture des Bœufs, &
qui s'accomodant des lieux aquatiques
les empêche de refter inutiles (1).

C'eft d'après des exemples fi puiffans que l'on avoit propofé dès 1772
(2), de femer à part les diverfes efpèces de Plantes des beaux Gazons, féparées à la main, épis à épis ; d'en faire
des bordures de porte-graines, & enfuite des effais par carreaux ou par
bandes, afin de juger quelles efpeces

---

(1) De ces Prairies artificielles, quelques-
unes font dues aux Anglois & aux Hollandois,
mais c'eft en France que l'ufage des premie-
res s'eft établi d'abord. M. le Préfident du
Roffet n'a pas laiffé échapper ce fait dans
les Notes inftructives qu'il a joint à fon très-
exact & agréable Poëme de l'*Agriculture*.

(2) Dans l'Article XIV, *des Confidérations
fur le Jardinage* à la fuite du *Jardinier prévoyant* de l'année.

forment le Gazon le plus fin, sans être
exposécs à l'inconvénient de se séparer
en touffes serrées, mais dégarnies dans
leurs intervalles; de comparer sur-tout
le contraste des couleurs, & de pouvoir choisir celles dont l'opposition est
assez tranchante, pour dessiner des compartimens dans les Parterres, ou des
Tapis, à l'imitation des étoffes chama-
rées ou rayées (1).

---

(1) Pour les petits objets, comme les
plate-bandes & découpés, les lits & les bancs
de Gazon, où il est plus commode & souvent
néceffaire de plaquer le Gazon par carreaux
levés; si on les prend dans une péloufe ren-
due belle par le parcours, les Plantains, la
Millefeuille, la Jacée & autres Plantes grof-
fières, qu'on y soupçonnoit à peine, ne tardent
pas à montrer leur difformité. Il seroit donc
très-avantageux d'élever de Graines pareillement triées, le Gazon qu'on veut plaquer, en
le semant sur un terrain ferme & uni, couvert de quelques pouces de bonne terre.

Le procédé étant aujourd'hui trouvé. & publié, il n'eſt queſtion que de l'employer dans cette ſorte de Parterres entiérement voué au Genre régulier, & qui s'allie ſi bien avec les eaux jailliſſantes, les Baſſins bordés de pierre ou de marbre, les Vaſes, Statues & autres Sculptures.

IV. Mais par les caraČteres même de la beauté des Parterres de broderie, on peut juger du mauvais effet des Parterres compartis, dans leſquels on place ſur les trois, cinq ou ſept rangs de chaque platte-bande, des Plantes grêles & touffues, hautes & baſſes, en correſpondance de milieux & de pendants, comme les Tableaux d'une Galerie?

Toute cette Symmétrie minutieuſe, ſéduiſante ſur le papier, ne ſauroit être goûtée dans l'exécution, puiſqu'à peine apperçue de deſſus les combles du Bâtiment, elle ne préſente au plein-pied,

ni! même du premier étage, que l'image
de la Confufion, fans nulle Beauté, ni
du Genre naturel, ni du Genre régulier. Les Fleurs de ligne, au contraire, & les maffes dont on remplit les
Corbeilles circonfcrites des Parterres
de bon goût, fatisfont l'œil par la fimplicité de leur enfemble, même avant
qu'elles foient parfaitement fleuries, &
l'enchantent dans l'inftant de la pleine
fleur.

V. Dans ce Genre, dont les Planches de Tulipes, de Jacintes, d'Ané-
mones & autres Fleurs des Curieux ont
probablement amené l'idée, on a exécuté avec fuccès des Compartimens vifs
& gracieux, foit dans les Corbeilles, en
fleurs femées ou plantées, foit fur les
Théatres au moyen de Plantes empo-
tées. Il eft feulement néceffaire d'affo-
cier des Plantes dont la floraifon con-
courre & dont le port foit analogue ; ce
qui doit faire employer par préférence

les variétés de diverfes couleurs d'une même efpece, telles que font celles de la Reïne - marguerite pendant l'Automne (1).

On fe rappelle la furprife donnée au feu Roi, foupant dans le nouveau Pavillon de Trianon en Septembre 1772 , par le coup-d'œil brillant & enchanteur d'une infcription, portant à

––––––––––

(1) L'opinon favorifée par le nom même de *Reine-marguerite*, que cette fuperbe fleur n'eft autre chofe que la Marguerite des prés mieux cultivée, eft devenue fi commune, qu'on ne fauroit fe laffer de répéter que la Reine-marguerite eft une Plante Chinoife, nommée en Chinois *Kiang-fita*, dont le P. Dincarville envoya les premières graines à M. de Juffieu vers 1730, pour le Jardin du Roi , & qui de fimple & uniquement violette, comme tous les *Afters* dans le Genre defquelles elle fe trouve, a produit peu-à-peu toutes les variétés doubles, à pompons, à tuyaux, &c.

droite

droite & à gauche de fon Chiffre, d'un côté *Vive le Roi*, de l'autre *le Bien-aimé*, écrite en lettres de fix pieds de proportion, fur un gradin au-devant de l'Orangerie, avec des Reines-marguerites blanches fur un fond de rouges & violettes mêlées, car le blanc eft à cet égard préférable à toutes les couleurs, pour fon eclat tant au déclin du jour qu'aux lueurs nocturnes du clair de Lune ou du Réverbère de lumieres cachées.

Si la Nature eft belle dans fon état de liberté, elle plaît encore dans les deffeins les plus réguliers, où on la fubftitue aux matériaux factices, qui y femblent particulierement deftinés. Dans l'Art de la Bouquetiere, des toupillons de Violette autour d'un fleuron de Jacinte ou de Jonquille, & de Penfée autour d'un fleuron de Giroflée, d'une Paquerette ou d'une Rofe-pompon, forment des bouquets montés très-réguliers & cependant fort agréables, &

D

peut-être mieux affortis aux ajuftemens
recherchés d'une parure complette que
les Bouquets de fleurs raffemblées avec
contrafte.

C O N C L U S I O N.

I. Un dernier ridicule enfin , qui a
fingulierement nui au Genre régulier,
c'eft la folie de planter à de petites diftances, des Arbres , dont la nature eft
de croître très-haut , & d'étendre au
loin leurs branches.

L'envie de jouir en peu d'années
entraîna les premiers à cette mauvaife
pratique , & la mode en fit pendant un
tems une routine dominante. Mais la
Nature toujours invariable ne pouvoit
pas s'y prêter. Auffi une vieilleffe pré-
maturée de tous ces petits Bofquets dont
la jeuneffe avoit été tant fêtée , ne tar-
da-t-elle guère à rendre leur vue cho-
quante ; elle fit en même-tems rejaillir
fur le Genre le dégoût qui n'étoit

dû qu'à la mal-adreſſe dans l'exécution.

II. Mais tous ces défauts étrangers au Genre régulier ne diminuent rien de ſon excellence. Ce ſera toujours le ſeul qui convienne dans le voiſinage de l'Habitation ; & même en faiſant dominer le Genre naturel dans la diſtribution totale, on ne peut ſe diſpenſer de ſoumettre encore aſſez fréquemment à la régularité l'Ordonnance de pluſieurs objets de détails.

APANAGE

DU GENRE LIBRE OU NATUREL.

I. Sɪ le Genre régulier doit être prof-
crit dans les grandes étendues, en quoi
donc confiftent, pourra-t-on demander, les moyens d'en rendre la vue
gracieufe, & d'y procurer une Promenade agréable?

II. Il me femble qu'ils fe réduifent
à fuivre pas à pas la Nature ; à fentir
ce que le local exige, & s'y conformer de maniere que rien ne paroiffe
l'effet du caprice; que chaque chofe foit
bien à fa place qu'on ne puiffe lui en
trouver une meilleure, tant pour l'utilité que pour l'agrément, car la con-
fidération de l'utilité tient toujours fon
rang, comme nous l'avons vu dans

le Genre des beautés naturelles ; enfin,
à rapprocher avec goût des objets
agréables & affortis, comme Berghem,
en raffemblant des études d'Arbres &
d'Animaux, avoit l'induftrie de faire
d'après Nature des Tableaux de Payfage très-naturels, dont la réalité n'exif-
toit cependant nulle part.

Origine & avantage de ce Genre.

III. Les plus anciens Voyageurs
qui ont parcouru l'Afie, nous avoient
rapporté vaguement que les Jardins des
Turcs & autres Orientaux, femblables
à ceux dont parle l'Antiquité, ne confiftent qu'en un mélange confus d'Arbres, fans Parterres, fans Allées, ni
Salles de verdure ou Berceaux ; de fa-
çon, difoient-ils, qu'ils reffemblent à
des Bocages plutôt qu'à des Jardins (1).

_____

(1) On peut confulter la defcription de

D 3

Tel étoit le fentiment du préjugé :
mais un homme d'Art, un Peintre de
Payfage, plus capable qu'aucun autre
de goûter les beautés naturelles, le
Frère Attiret enfin, Jéfuite François,
natif de Dôle, ayant été admis pour
fon talent dans le prodigieux enclos du
Palais de l'Empereur de la Chine, dans
cette enceinte que le Souverain, qui
s'y trouve relégué par fon rang fuprê-
me, fe plaît à enrichir de manière
qu'il puiffe lui tenir lieu de l'Univers,
la defcription qu'il en fit, dans une Lettre écrite de Pékin en 1749 (2), com-
muniqua tout-à-coup un enthoufiafme

---

l'Orangerie de Beroot, tranfcrite par la Mar-
tinièie, dans fon *Dictionn. géograph.*

(2) Dans le XXVI. Tom. des Lettres édi-
fiantes & curieufes : laquelle Lettre fe retrou-
ve auffi dans les Volumes d'extraits publiés
chez *La Combe*, Libraire.

d'admiration à plusieurs Amateurs,
principalement en Angleterre, où les
imitateurs de *Le Nôtre* avoient jusque-
là dirigé la Formation des Jardins suivant le Genre régulier, à quelques légers changemens près, résultans d'une
sage liberté introduite vers 1720 par
Kent, à l'exemple de ce qu'avoit fait
en France le célèbre *Dufresny*. On
voulut donc avoir des Jardins Orientaux ou Chinois.

Une des choses qui a dû le plus con-
tribuer à rendre ce goût dominant
parmi les Anglois, c'est l'amour qu'ils
avoient déja pour les Collections des
diverses espèces d'Arbres, Arbustes &
Plantes, dont plusieurs exigent des situations particulières, ombragées, aquatiques; ou le mélange de Broussailles
qu'on ne soufre pas dans les plantations
regulières.

D'ailleurs l'Uniformité & la répétition étant nécessaires, au moins jus-

D 4

qu'à un certain point dans le Génre régulier, il eût fallu avoir un nombre d'Arbres de chaque efpèce, tous d'âge pareil, pour les placer avec agrément dans des plantations de cette forte, lefquelles fuffent d'ailleurs devenues trop vaftes & difficiles à parcourir. Au lieu qu'en fe donnant la liberté de meubler la Campagne telle qu'elle étoit, chaque chofe trouvoit facilement fa place.

V. Il y avoit encore d'autres avantages à laiffer régner le Genre libre ou naturel, tels que de pouvoir porter les Jardins ou Parcs de promenade à une plus grande étendue, fans regretter la perte du terrain, & diminuant même de beaucoup les dépenfes de l'entretien, puifqu'au lieu de nourrir des Journaliers pour faucher les Gazons, & ratiffer ou battre des Allées ; les troupeaux de Moutons auxquels eft confié l'entretien des Péloufes font un produit annuel ; qu'au lieu des Tontures

fouvent réitérées, les Bois laiſſés en liberté, donnent de tems à autre des
coupes fructueuſes, qui en même-tems
perpétuent la jeuneſſe des plantations,
en offrant toujours quelque partie dans
cet âge, où même chez les êtres ina-
nimés, chaque année développe de nouvelles graces; enfin que toutes les Cultures utiles ſont admiſes dans ce Genre,
chacune au lieu qui lui eſt propre.

Auſſi veut-on aſſez généralement
trouver, dans les Jardins du nouveau
Genre, une Ferme ornée, dont la Lai-
terie & la Baſſe-cour procurent près
du logis les jouiſſances qu'auparavant on
prenoit la peine d'aller chercher au loin.
C'eſt vouloir ramener, au milieu du luxe,
la vie ruſtique de nos vertueux ancêtres, en copiant du moins leurs Habitations, dont nous trouvons encore une
vive image dans les Mazures Cauchoi-
ſes, ſi conformes à la deſcription que
le Bolonois Creſcenzi faiſoit au dou-

zieme fiècle d'un Manoir de Campagne.

Un vafte enclos entouré de Foffés
& de Berges fur lefquelles font plan-
tés, au milieu d'une double haie, un
rang d'Arbres ferrés, fur-tout de Frênes
plus propres à rompre les vents de mer:
des barrières très-légères, quoique fouvent couvertes d'un porche grand &
élevé. Dans l'intérieur, le Verger de
Pommiers & Poiriers, deftinés à fournir
les fruits à coûteau & la boiffon de
toute la famille : le deffons couvert
d'une Péloufe toujours habitée par des
Beftiaux & des Volailles. Les Bâtimens
placés au centre, mais féparés les uns
des autres; le Corps-de-logis du Maître,
celui des Valets, les Granges, la Char-
reterie, le Four ; différens petits enclos de Jardins pour les légumes, ou
pour quelques menus grains ; le plus
orné tenant à l'Habitation principale,
mais fans fafte auffi-bien qu'elle.

Toutes les Cours ou Mazures d'une
Paroiffe raffemblées aux environs de
l'Eglife, mais le plus fouvent féparées
les unes des autres par des Chemins,
quelquefois par des Ruiffeaux, formant
ainfi chacune un Ilot, ou comme on
dit en Languedoc, une Condamine ; &
préfentant de loin, par leur réunion,
l'image d'un Bois plutôt que celle d'un
Village.

VI. La feule innovation, en renou-
vellant les Mazures Normandes, étoit
d'incorporer dans cet enclos utile diverfes Plantations de pur agrément ;
telles que des Cabinets, des Rotondes,
des Colonnades, & de chercher par
leur pofition à compofer des Perfpec-
tives intéreffantes. On a même vu des
Amateurs fe faire un plaifir de conf-
truire, dans ce deffein, des Ruines fup-
pofées d'anciens édifices, foit de compofition, foit copiées fidèlement d'après
quelque monument connu ; un Temple

Grec , un Eglife Gothique , une Pa-
gode. C'étoit modèler en relief les fu-
jets ordinaires de nos Tableaux de
perfpective : & vraifemblablement, à
ne confidérer que le plaifir des yeux,
ce qui eft goûté même en imitation ,
doit l'être également en réalité ; quoiqu'on puiffe objeɑ̂er à ce fyftême d'em-
belliffemens que les Ruines artificielles
font privées du point principal qui produit l'intérêt dans l'examen des Ruines
antiques ; favoir , la vérité (1).

---

(1) M. Rouffeau de Genève plaifante très-
agréablement cette forte de caprice, dont les
Anglois eux-mêmes commencent à fe dégoûter. *Voyez* dans la *Nouvelle Héloïfe* la Defcription de l'Elifée.

Je ne puis réfifter au plaifir de tranfcrire
ici les vers compofés fur le même fujet, qui terminent une Epître anonyme fur la *Manie des
Jardins Anglois*, La Combe 1775.

J'aime un vieux monument parce qu'il eft antique.
C'eft un témoin fidèle & véridique

Les idées Chinoiſes ſur la diſtribution des Jardins, expoſées en 1757,
par M. Chambers, d'une manière encore plus préciſe que dans les premières
deſcriptions, ont fait en Angleterre &
en France un tel progrès, qu'on veut,
comme les Chinois, raſſembler dans
le même Jardin, des ſcènes riantes,
horribles & enchantées ou Romaneſ-

Qu'au beſoin je puis conſulter;
C'eſt un Vieillard, de qui l'expérience
Sait à propos nous raconter
Ce qu'il a vu dans ſon Enfance,
Et l'on ſe plaît à l'écouter.
Mais ce pont ſoutenu par de frêles machines,
Tout ce groteſque amas de modernes ruines,
Simulacres hideux dont votre Art s'applaudit,
Qu'eſt-ce? qu'un monſtre informe, un enfant décrépit?
Il naît ſans grace & ſans jeuneſſe;
Du tems il n'a rien hérité;
Il ne fait rien, & n'a de la vieilleſſe
Que ſon maſque difforme & ſa caducité.

ques; les varier, les contraster, & sur-
tout les présenter comme des accidents
naturels heureusement rencontrés (1).

VIII. Mais ici, comme dans le
Genre régulier, le grand Art est de
conserver l'accord de toutes les parties:
& nous trouverons trois points princi-
paux sur lesquels il est également important de le faire régner. Les pentes
des Terres & des Eaux ; l'assortiment
des Arbres & des Plantes ; & les diverses constructions relatives, réelle-
ment ou par représentation, aux différens Ordres de la Société.

---

(1) Le même Auteur a publié en 1773,
un Ouvrage particulier sur les Jardins Orientaux & en 1774, une Réponse aux Critiques.
Je regrette fort de n'avoir encore pû me procurer l'avantage de les lire ; je veux au moins
les indiquer à ceux que ces matières intéres-
sent.

CONDITIONS NÉCESSAIRES
A UNE FORMATION LIBRE.

Difpofition du Terrain.

I. Et premièrement quant aux pentes naturelles, il s'en trouve de plus ou de moins contraftées : cependant elles font toutes dans une telle correfpondance, que plufieurs Phyficiens ont cru y reconnoître l'impreffion des flots agités fous lefquels, felon eux, fe font formées les Montagnes & les Vallées. Au refte, quelle que foit la caufe de ces pentes, le cours des Fleuves & des grandes Rivières nous trace évidemment de grands Baffins terreftres, bordés de Chaînes de montagnes & de Plaines hautes. Les petites Rivières, qui fe jettent dans les grandes, annoncent les Baffins fecondaires qui fubdivifent les grands. Il n'eft enfin fi petit Ruiffeau dont le cours n'indique la pente

des terres ; & dont le lit n'occupe la partie la plus baſſe de tout le voiſinage (1).

Or, ce qui eu égard à la ſtructure
de la terre, n'eſt qu'une fraction de
peu d'importance, devient un objet ma-
jeur par rapport au Manoir, ſi grand
qu'on le ſuppoſe. Par cette raiſon même, il ſemble qu'un Plan en relief bien
fidèle, du lieu qu'on veut embellir,
feroit la pièce la plus utile au Formateur ; afin qu'il pût, comme un Sculp-
teur, y modèler ſes diverſes penſées, ſans
expoſer l'exécution à des repentirs coûteux ; enfin qu'un modèle en petit, très-
détaillé, du projet arrêté, lui feroit encore plus avantageux qu'à l'Architecte.

---

(1) Ces grands principes, dûs aux réflexions de feu M. Buache, Géographe de l'Académie des Sciences, ſe trouvent expoſées de
la manière la plus ſatisfaiſante, dans ſes Car-
tes de Géographie-phyſique.

II. Dans

II. Dans les Formations régulières, quelque dépenſe qu'on faſſe, pour ſe procurer des Planimétries ou des Niveaux de pente, les diſpoſitions primordiales du Terrain ſont toujours ſenſibles; mais dans la Formation libre d'un Jardin du Genre agreſte, il eſt encore bien plus important de les choiſir d'une tournure gracieuſe à la vue, & ſur-tout de ne rien faire qui les contrediſe.

Un Ruiſſeau, par exemple, qui auroit aſſez de pente, pour qu'au-lieu de le laiſſer courir dans ſon lit naturel, il fût poſſible de le faire ſerpenter, deviendroit un objet diſparate & choquant, ſi on le voyoit ſoutenu ſupérieur aux terrains voiſins. Il en ſeroit de même, & pis encore, d'une Rivière factice, entretenue par des eaux amenées de loin par induſtrie, ou pompées du ſein de la terre à force de machines : dès que les pentes des lieux circonvoi-

fins décèleroient le travail humain,
l'inutilité & le caprice de l'entreprise
en rendroit la vue désagréable. Et cer-
tes, ces productions manquées d'un Art
mauvais Copiste de la Nature, seroient
plus choquantes que les Eaux jaillis-
santes, annoncées comme entièrement
contre Nature, & qui, malgré le ridicule dont on a voulu les charger,
sont, ainsi que les Feux d'Artifice, de
l'ordre des choses dans lesquelles le merveilleux plaît autant que l'élégance.

Pareillement, un Tertre isolé de
toutes parts sera supportable si, terminé par quelque ouvrage de l'Art, on
apperçoit que ce n'est qu'un *cherche-
vue;* sur-tout si la vue qu'on y trouve
dédommage de la peine d'y monter.
Mais si cette éminence n'étoit destinée
qu'à rompre la prétendue uniformité
d'un terrain uni, ou à exposer à la vue
un groupe de quelques Arbres, on ne
trouveroit plus dans cette lourde &

fauſſe imitation de la liberté qui fait
le charme de la Nature, que des fruits
informes d'un caprice, dont celui même qui les a enfantés, ne tarde gueres
à ſe dégoûter.

Ordonnance des Plantations.

III. L'aſſortiment gracieux des Arbres & des Plantes eſt un ſecond objet non moins important, dont nous
n'avions preſque rien dit en parlant des
Plantations régulières ; parce que c'eſt
ſur-tout dans les Plantations libres du
Genre agreſte, qu'il y auroit plus d'inconvénient à choquer, par des mélan-
ges contraires à la Nature, la marche que
cette ſage maitreſſe ſuit ordinairement.
Ce que nous allons dire pourra d'ailleurs
facilement s'appliquer au Genre régulier.

IV. Quoique l'aſſemblage d'un grand
nombre d'individus d'Eſpèce unique, dans

E 2

un champ particulier, appartienne à l'ordre économique de la Culture ; il eſt
notoire, que dans l'ordre phyſique de la
Végétation, il exiſte certaines Plantes,
qui ſe maintiennent en ſociété , comme le font les Abeilles, les Guêpes,
ou les Fourmis. D'autres à la vérité
vivent çà & là, comme diſperſées : &
quelques-unes, moins nombreuſes en individus, ſemblent uniques, dans chaque
lieu où on les rencontre. Mais, en général, les Plantes ſe cantonnent : & il
eſt ſans exemple de trouver, ſoit un Ro-
cher, ſoit un bord de Rivière, ou une
portion quelconque de terre abandonnée
à la Nature, qui ne nourriſſe que des individus tous d'eſpèces différentes. Les
deux extrêmes lui ſont également inconnus : le Jardin de Botanique eſt,
auſſi néceſſairement que la Chenevière,
un fruit de l'induſtrie humaine.

Mais ſi l'Uniformité plaît, comme
nous l'avons déja dit, par la haute opi-

nion qu'elle donne du pouvoir de l'Art ;
la Diverſité exceſſive répugne à la
fois, & au Genre régulier & au Genre
naturel. On la tolère dans une Ecole
de Plantes, par rapport à l'inſtruction
qu'elle procure ; elle y plaît même, par
l'idée qu'elle offre d'une grande Collection qui étonne. Mais dans un Jardin fait
pour charmer par les Graces, un fragment de cette Collection, ſi petit qu'il
fût, ſeroit inſoutenable.

Si donc vous avez une Plante unique , entourez-là, ſoit régulièrement ,
ſoit librement, d'une répétition d'une
ou de deux autres eſpèces ſeulement.
C'eſt à quoi l'exemple de la Nature
vous autoriſe , & la loi que le deſir
de plaire vous preſcrit.

Ceci s'entend des Arbres comme
des autres Plantes : puiſque dans les
Forêts naturelles, quatre ou cinq eſpèces procurent toute la variété néceſſaire
à l'agrément , évitez d'en accumuler

E 3

un plus grand nombre, dans ce que l'œil peut embraſſer à la fois ; laiſſez à la promenade à découvrir de nouveaux objets dignes de fixer les regards.

IV. Et quant aux oppoſitions que le port différent des Arbres ou des Plantes, & les nuances de leur verdure, peuvent préſenter ; il paroît que dans une Plantation régulière, plus il ſe trouve de différences entre les objets voiſins, & mieux l'ordonnance ſe deſſine; mais que dans le Genre naturel, des accords plus doux ſeroient préférables à ces diſſonances.

C'eſt ici que le génie du Formateur apprécie par un coup-d'œil juſte, l'effet que doivent faire, par leur ports, les Arbres tant iſolés que groupés.

Les uns, par leurs branches traînantes & peu garnies de feuilles, ont un air négligé, ou même comme éploré : le port pyramidal de quelques autres les rend au contraire propres à annon-

cer un lieu de Fêtes ; tandis que d'autres par une taille élevée, une tête bien
formée, un feuillage épais , impriment
le refpect & la vénération ; & que l'afpect de la plupart des Pins , Sapins ,
Cyprès & Arbres de même famille, à
feuillage fin , ferré & brun, jette dans
les rêveries fombres & mélancholiques.
Dans le détail des diverfes efpèces , il
s'en trouve qui font en quelque forte
incompatibles , par le contrafte trop
violent qu'ils formeroient : d'autres, au
contraire, plus ou moins analogues, s'ac-
cordent harmonieufement, en s'oppofant
toujours à une trop entière & infipide
uniformité.

V. Ce fera donc en faifant de tous
ces matériaux , un emploi médité, &
bien d'accord avec ce que demande
la difpofition du terrain, que le Formateur faura offrir, dans les Promenades,
des changemens de fcène auffi puiffans,
que ceux de nos Décorations théatra-

les , que le bon goût des Peintres-décorateurs fait fi bien affortir aux évènemens, qui doivent y être repréfentés.

Accord des Conſtructions.

VI. Ceci nous mène au troifième Point de convenance, qui confifte dans les matériaux évidemment factices , que le Formateur admet dans le Genre libre. Tels font les Ponts, grands ou petits, & les parties de Quais ou de Levées, fur le bord des Rivières; les Bâtimens de la Ferme; les Moulins à eau ou à vent , s'il s'en rencontre d'exiftans, ou de poffibles à exécuter utilement , dans l'enceinte défignée : les Cabinets de repos , quelle qu'en foit l'Architecture , ornée ou ruftique , en Treillages, Rocailles, Feuillées, Chaumières ; les Bancs de pierre, de bois ou de gazon ; les Obélifques, Colonnes, Urnes ; & les conftructions repré-

fentatives de Temples, de Tombeaux
& autres Bâtimens anciens ou étrangers,
foit entiers, foit en ruines : enfin les figures d'Hommes ou d'Animaux : fans ou-
blier les routes frayées, qui ceffent de
pouvoir être regardées comme pure-
ment du Genre naturel, dès que les matières hétérogènes qu'on trouve à leur
furface (telles que la recoupe de pierre, le falpêtre, le mâchefer, le gravier,
le fable de terre ou de rivière) déno-
tent le foin qu'on prend de les entretenir.

VII. Chacun de ces objets, quoiqu'agréable en lui-même, pourroit, étant
mal placé, produire un très-mauvais
effet.

Les Bâtimens utiles, par exemple,
demandent autour d'eux les Cultures
utiles qui leur répondent.

Les Cabinets de repos feront de
même fort bien accompagnés de quelques Corbeilles ou plattes-bandes de

Fleurs, de paliſſades tondues ou ſou-
tenues ſur des treillages, & de différens Arbres taillés ; le tout formé &
conduit avec plus ou moins de recherche, ſuivant l'élégance donnée à la bâ-
tiſſe du Cabinet.

Les Plantations qui accompagnent
une Chaumière ou une Feuillée, ſeront
conduites ruſtiquement, comme les
Gens de Campagne font dans l'uſage
de le faire.

C'eſt auprès des Bâtimens en ruine,
ou des Tombeaux, qu'on pourra ſe plaire
à faire prendre à la Nature cet air farouche, qui ſuppoſe un entier abandon. Un
ſeul ſentier ferré ou ſablé en feroit
manquer l'effet : c'eſt bien ici que doit
ſe pratiquer ce que *M. Rouſſeau* raconte
de l'*Eliſée de Julie*, qu'on n'y apperçoit aucun pas d'homme, par le ſoin
qu'on prend de les cacher. Et même,
ſans faire pour de telles conſtructions,
une dépenſe, plus ou moins grande,

mais toujours ftérile, & par-là défa-
gréable à plufieurs bons efprits, on peut
bien deftiner une portion de l'enclos à
montrer la Nature livrée à elle-même.

VIII. Mais lorfqu'on voudra fe
procurer des Routes de promenade,
foit à cheval, foit en calèche, & même à pied, & les entretenir pratica-
bles en tout tems ; ne femble-t-il pas
qu'elles doivent être, je ne dis point
tirées au cordeau, mais dirigées d'une
manière conféquente au befoin, qu'on
doit fuppofer les avoir fait faire. Chaque détour doit avoir une caufe, foit
dans un empêchement naturel d'aller
droit, comme une Roche, ou une Fon-
drière ; foit dans le defir d'aller chercher un point de repos, ou un point
de vue.

Des Routes finueufes, fans néceffité,
peuvent avoir leur agrément, dans un
Labyrinthe du Genre régulier, parce
qu'on le fait deftiné à préfenter une

difficulté de fortir de fes détours, qui
devient un point d'amufement : mais
hors delà, le caprice qui en traceroit
de pareilles, n'offriroit rien qui pût
plaire.

IX. Toutes les Routes foignées feront donc regardées comme à-demi du
Genre régulier; il n'y aura dès-lors, nul
inconvénient à les accompagner, de place
en place, de quelques bouts de haies & de
lignes d'Arbres, efpacés fans prétenrion,
fuivant l'ufage de la Campagne.

Dans les détours, les Carrefours &
autres points de centre ; les Obélifques,
les Colonnes , & les diverfes productions des beaux Arts trouveront très-
bien leurs places , ainfi que dans nos
appartemens. Les Statues des grands
Hommes peuvent, en rappellant leur
mémoire, fournir un fujet d'entretien.
Et quant aux figures d'Animaux , fi
elles font de marbre ou de bronze ,
la perfection de l'Art, qui feule peut les

faire admettre , les fera traiter comme
les autres Statues élevées fur des pieds-
d'eftaux.

Mais fi ce font des Figures de terre
cuite ou de plomb, peintes en couleurs
naturelles , il fera fans doute très-
agréable de les placer dans les lieux, où
pourroit fe trouver l'Animal vivant ;
pourvu que cet Animal foit de la nature de ceux qui , féroces ou farouches,
ne fe laiffent point approcher; car fi
c'étoient des Animaux domeftiques ,
la réalité ne feroit-elle pas bien préférable à ces froides repréfentations ? &
dans le ftyle Champêtre, qu'y a-t-il de
plus favorable que la rencontre de quelques Beftiaux, ou celle d'un troupeau,
pour rappeller vivement la vie Pafto-
rale , dont la Perfpective plaît toujours , même aux voluptueux habitans
des Villes ?

Diverfité des Perfpectives.

X. Des Ponts ruftiques de planches & de perches, feront très-analogues aux parties livrées au Pâturage : on réfervera les Ponts de pierre pour les Routes deftinées à la promenade. Là, le cours des eaux, plus négligé ailleurs, deviendra tout-à-coup dirigé, bordé de berges de gazon, & d'arbres en boule. On leur demandera une limpidité qui laiffe voir les poiffons qu'on y nourrit : un couple de Cignes & leur cabane y feront un très-bon effet.

Plus bas, le Ruiffeau redeviendra fauvage, & bordé négligeament de Ciprès ou de Tuyers, comme de Saules, d'Aunes & de Peupliers ; entre lefquels toutes les Plantes aquatiques croîtront en liberté. Le Butome y montrera fes bouquets de fleurs ; la Maffe & le Scirpe fe trouveront dominés par le Séneçon aquatique, la plus haute de toutes les Plantes indigènes. Les Mentes embaumeront l'air : un Marécage voifin offrira une Pimentière, dans laquelle les Botaniftes iront vifiter brin à brin des Arbriffeaux aquatiques du Canada, le Cacha de Pologne, & l'Orifave qui, fous le nom de Folle-avoine, fait la nourriture d'une pleuplade de l'Amérique Septentrionale.

Si l'eau trouve un lieu bas, où elle puiffe former un petit Etang, on faura y fabriquer une Ile flottante, établie d'abord fur des tonneaux liés en vannerie groffière, pour contenir la terre, jufqu'à ce qu'elle le foit fuffifamment par les racines des Arbuftes aquatiques, des Joncs, Souchets & Scirpes, & fur-tout du Marifque, qui fuivant qu'on l'a obfervé, font celles qui contribuent le plus à la folidité des grandes Iles flottantes de Flandres & d'Italie.

XI. Un petit Bois planté de manière que les Arbres du centre foient d'efpèce à s'élever plus haut que ceux de devant , préfente l'image d'une éminence fur un terrain plat. Par un artifice contraire, un Tertre, ou naturel ou factice , comme feroit le deffus d'une glacière, peut fe trouver entièrement ignoré. Le plateau qui le termine, n'atteignant qu'au milieu de la hauteur des grands Arbres ; on peut ouvrir différens percés à travers leurs têtes , & former ainfi , pour les yeux, des routes Aëriennes.

L'induftrie de contreplanter ne fera pas oubliée. On faura placer, entre les Arbres deftinés à former un jour de grands effets , des Arbriffeaux, qui fe mariant avec eux, dans le premier âge , formeront un tout enfemble agréable , quoique provifionnel. C'eft imiter l'opération de la Nature dans le renouvellement des grandes Forêts.

Certaines

Certaines portions de ces Bois se trouveront peuplées des Hêtres & des Chênes les plus curieux, & de toutes les espèces les plus rares & les plus nouvelles de l'Amérique ou du Nord de l'Asie : les Broussailles même & les Herbages feront en quelques endroits entièrement composées de productions étrangères naturalisées. On trouvera une partie des Plantes alpines rassemblées, au pied d'un Réservoir d'eau construit de manière à la laisser se filtrer insensiblement, à travers les roches qui le soutiennent & l'entourent, comme il arrive à ce qu'on nomme *les Plaquières*, dans la Forêt de Fontainebleau.

L'étude des situations convenables à chaque espèce d'Arbre ou de Plante, fournira les moyens de meubler, à volonté & avec goût, les parties les plus rébelles à la Culture. Le Marceau remplacera le Hêtre & le Charme dans les lieux marécageux. Le Bouleau croîtra

F

fur des collines ingrates. Les pentes
ies plus roides, du terrain le plus crayon-
neux & le plus ſtérile, ſeront promptement couvertes par le Magalet (1).

---

(1) Sorte de petit Cériſier connu dans le
commerce ſous le nom de *Bois de Sainte-Lucie.*
C'eſt à M. de Malesherbes que je dois cette
obſervation. Il me fit voir chez luià Malesherbes
en 1773, un petit maſſif de Magalet de cinq
à ſix ans, & proſpérant fort-bien, ſur une
pente aride, où juſque-là tout avoit péri. Il
avoit eu ſoin d'y planter l'année précédente
des Morelle-truffes ou Pommes-de-terre, ſur
un labour bien fumé; puis de faire enterrer
tout le feuillage dans le défoncement, avant
de planter les jeunes Arbres.

Les diverſes expériences que ce Magiſtrat
naturaliſte ſe plaît à faire dans ſa terre, ſur
les Arbres rares abandonnés à eux-mêmes,
deviendront un jour fort utiles. Elles mon-
trent déja qu'en France, comme chez les anciens Romains, les occupations de la Campagne
ſont le délaiſement des grandes ames; &

XII. Si le Maître d'un tel Jardin aime les Collections de Plantes; s'il confulte des Gens de goût, qui aient parcouru la terre avec un efprit d'examen, ou fi lui-même a voyagé; il pourra varier fes afpeds & former, ici un Payfage d'Afie, là un d'Amérique; tantôt nous tranfporter en Norwège & tantôt nous rapprocher des Tropiques, autant qu'il peut être permis fous le quarante-neuvième degré de latitude. Mais foit que le Formateur emploie ces matériaux étrangers, ou qu'il s'en tienne à ceux qu'on trouve communément dans le pays; s'il fait ménager toute les convenances & varier en même-tems les afpeds, s'il fait diriger les promenades & difpofer les Perfpec-

---

que les Hommes d'Etat portent fur tous les objets auxquels ils s'appliquent, des impreffions de leur génie.

F 2

tives dans un tel rapport, que celles-ci
foient toujours belles aux heures &
dans les Saifons, où les points de repos
font habitables; s'il a fû choifir d'abord
un fite avantageux, & enfuite profiter
des points donnés par la Nature; ce
bel accord fera du vafte enclos , dont
il forme fon Jardin, un lieu de délices,
dont perfonne ne cherchera à fortir , pour
aller jouir de la Nature , puifque nulle
autre part elle n'auroit autant d'attraits.

A quel terrain convient la Formation libre.

I. Mais, dira-t-on , pourquoi peindre
ce lieu comme vafte ? Si le Genre libre produit dans une grande étendue
des effets fi enchanteurs , il en fera
de même, à proportion, dans un lieu
plus refferré.... j'en doute fort. Il y
deviendroit trop difficile de diffimuler
que cette prétendue liberté de la Na-

ture , n'eſt qu'un ouvrage humain ;
une copie ſervile & défigurée ; ou pis
encore, l'effet du caprice.

En effet, ne ſait-on pas que ce célèbre
Jardin de l'Empereur de la Chine, dont
la deſcription a ſervi de guide pour la
formation de tous les autres, eſt un
enclos de pluſieurs lieues ; & que s'il
eſt diſtribué en différens quartiers, chacun eſt encore prodigieuſement étendu ? ne voyons-nous pas qu'en Europe,
les Jardins libres, chéris des Anglois,
contiennent pluſieurs centaines d'arpens ? Pour s'en convaincre, il ſuffit de
jetter les yeux ſur le Plan du Jardin
du Lord Cobham à *Stoue* (1), dont la

---

(1) *Stoue* rend aſſez bien la prononciation
du mot Anglois qui s'écrit *Stowe*. De même
le vrai nom de l'Auteur Anglois eſt *Whately*,
mais il ſe prononce à-peu-près *Houatelai*. On
trouvera une autre deſcription de ce lieu dans

F 3

description, sert autant que les excellens principes de *M. Whateley*, à donner une vraie idée du Genre libre (1)?

---

les Lettres de Madame *du Boccage*, pag. 9, *Lettres sur l'Angleterre.*

(1) L'Ouvrage Anglois de *Sir Thomas Whately* a été publié en François en 1771. Le Traducteur nous instruit que son Auteur est le premier, qui ait traité par écrit, l'année précédente, l'*Art de Former les Jardins*, suivant la manière de *Kent* & de *Brown*, comme *Leblond* & *Dargenville* avoient en 1709, exposé les principes de notre *le Nostre*. Cet Ouvrage est suivi d'une Description détaillée & d'un Plan de *Stowe*.

Au reste, il ne faut pas confondre cette Traduction d'un Ouvrage didactique, profond, mais abstrait, avec l'agréable *Essai sur les Jardins*, que *M. Watelet* de l'Académie Françoise & Amateur de l'Académie Royale de Peinture, vient de publier. Je n'ai connu cet écrit qu'après avoir eu terminé le mien. A la satisfaction de voir que je m'étois rencontré, en

II. A quoi donc songent ceux qui dans une étendue bornée à quelques arpens, d'un terrain égal, souvent même privé d'eau, entreprennent par des mouvemens de terre aussi coûteux qu'infructueux, même pour le coup-d'œil, d'élever des Montagnes & de creuser des Précipices : qui, formant un Lit de

---

plusieurs points, avec un homme dont le bon goût est connu, s'est joint d'abord la juste appréhension de ne présenter au Public, en imprimant mes *Considérations*, que des idées déja saisies, & liées par cet éloquent Ecrivain aux principes les plus solides & les fins de la Morale. Des amis m'ont rassuré, sur la différence de mon Plan ; & puisque M. Watelet s'est borné au titre modeste d'*Essai*, c'est à lui-même que j'adresse mes Considérations. Trop heureux si elles peuvent, entre ses mains, fournir quelques-uns des matériaux, que le Public lui verroit avec tant de plaisir employer, dans un Traité complet d'un Art, dont il a exposé les principes d'une manière si élégante.

F 4

glaife, à une Rivière entretenue d'eau
de puits , la font ferpenter à com-
mandement au milieu d'un terrain uni :
qui prétendent raffembler toutes les
Cultures que l'on trouve à la Campagne ; lorfqu'une Berge , honorée du
nom de Colline , eft plantée de deux
ou trois cens feps de Vigne ; qu'ailleurs,
un carré de Choux ou d'Artichaux fe
trouve à côté d'une petite pièce d'A-
voine , ou d'une Chenevière d'une ou
de deux perches : qui apportent, fur leur
Rivière, des Roches à travers lefquelles
l'eau forme une petite Cafcade, dans un
terrain fableux ou argilleux , où l'on
ne trouve nul autre fragment de cail-
loux : qui au milieu d'Iles faites à plaifir, conftruifent, dans l'une un pavillon
à la Turque ou Chinois, dans l'autre
un petit Temple, ou plutôt le modèle
d'un Temple Grec ; &, fuivant que la
fantaifie le leur infpire, font ici un Pont
de pierre & de brique, là un autre de

meulière brute, ailleurs un petit pont
de planche ; le tout fi rapproché qu'il
s'apperçoit enfemble, fans qu'on puiffe
découvrir une feule raifon qui ait dé-
terminé là ou là, ces diverfes conftructions : qui tracent enfuite, prefque à plat,
de petits chemins tortueux, tels que la
néceffité de monter les fait pratiquer
fur les lieux efcarpés ; font, enfin fabler
tous ces fentiers, & les bordent de
Fleurs ou de lignes d'Arbuftes.

Ne s'imagine-t-on pas voir exécuté
le ridicule projet du Parterre géogra-
phique, au moyen duquel le Jardin des
Thuileries fe trouvoit converti en un
Plan de Paris.

III. Encore s'ils annonçoient cette
Formation, comme un modèle en petit, deftiné à la promenade & aux exer-
cices de jeunes Enfans, on pourroit
prendre quelque plaifir à parcourir des
yeux cette perfpective réduite, comme
on alloit au Roule voir le modèle

d'un très-grand Hôtel, dans le veſtibule duquel un homme avoit peine à ſe tenir debout : ou pour employer une comparaiſon plus noble, ce ſeroit faire en Formation de Jardins, ce que *François Manſard* fit en Architecture, lorſque, n'ayant pû donner au Val-de-Grace les belles proportions qu'il avoit conçues, il exécuta en petit ſon premier projet dans la Chapelle de M. d'Agueſſeau à *Fréne*, où les Curieux vont encore l'admirer.

Il eſt à croire qu'un pareil Jardin, bien proportionné, auroit quelque mérite & quelque agrément, puiſque, même les Plans en relief des Places fortes avec leurs environs, dépoſés dans la grande Galerie du Louvre, ſont toujours vus avec plaiſir. Mais combien une telle entrepriſe n'entraîne-t-elle pas de ſujétions? Ce n'eſt pas aſſez d'éviter le défaut, dans lequel tombent tous les jours nos faiſeurs de Montagnes, de placer à leur pied, des Statues, qui quoique de très - petite nature, atteignent au quart ou au cinquième des Cavaliers qu'ils ont amoncelés. Quand on auroit établi la proportion la mieux suivie, sur une échelle de réduction, entre les Collines, les Vallons, la Rivière & ses détours, les Chemins, les Divisions des terres & les Maisons; combien d'Arbres & de Plantes, incapables d'être réduites, se trouveroient bannies de cette Formation enfantine.

On nous dit que les Chinois exécutent souvent des portions de Jardins, formées en réduction d'échelle progressive, & en dégradation de couleurs, de sorte que la perspective augmente de beaucoup leur grandeur apparente. Mais, ces parties ne sont apparemment destinées qu'au plaisir de l'œil : la promenade doit s'y trouver entièrement interdite.

Formation libre des petits enclos.

IV. Ne nous arrêtons donc pas plus
long-tems à ces objets minutieux ; &
voyons ce à quoi les loix de convenance réduisent la possibilité de suivre le
Genre libre dans un lieu très-borné,
en faveur de ceux, qui, peut-être autant par mode que par goût , vou-
droient absolument un Jardin à la Chi-
noise, dans un lieu cinq ou six cens
fois moins grand que celui de l'Empereur de la Chine.

V. Je leur dirois encore, pour toute
chose , comme au Formateur du Jardin le plus vaste , d'étudier la Nature ;
non pas pour en suivre les indications,
puisque nous le supposons dans un lieu
qui n'indique rien , mais pour l'imiter
fidèlement.

Si , dans leur position resserrée, ils
peuvent par des Fossés, supprimer , dans

une partie de leur clôture, la vue des
limites étroites; fans doute il en faudra profiter : & l'Art de raccorder l'intérieur, avec ce qui exifte au-dehors,
agrandira à l'œil la petite Poffeffion;
pourvu qu'ils aient l'adreffe de difpofer
la promenade, de manière qu'on n'ap-
proche jamais affez du foffé pour le
foupçonner, ou d'en cacher le bord
intérieur par divers objets : car s'il étoit
apperçu, il feroit dans le Genre naturel, très-peu préférable à une grille ou
même à un mur.

Il en fera de même, fi le lieu étant
placé au pied d'une Colline, ou au
contraire fur une plaine haute; on peut
par-deffus les murs de clôture, déro-
bés à l'œil par un fourré de brouffailles, jouir d'une Vue éloignée. De telles
pofitions font toujours favorables à traiter, dans le Genre libre, comme dans
le Genre régulier.

Mais je fuppofe le lieu difpofé de ma-

nière qu'on y foit abfolument renfermé. Quelle reffource refte-t-il donc au
Formateur, qui veut y fuivre le Genre
naturel ? de choifir à fon gré dans la
Nature, un feul fite théatral borné,
& de l'imiter fidèlement. Qu'il fe déci-
de s'il veut infpirer l'horreur ou la
gaièté ; s'il veut peindre une entière
Solitude, un fragment de Cultures écar-
tées; ou le voifinage d'un Lieu habité.

VI. La néceffité de cacher les clôtures nous fixe à choifir la Scène dans
une Forêt : mais il en exifte plus d'une,
dans lefquelles un Village, fe trouve
renfermé. On pourra donc placer fur
un côté, des Chaumières & des Clôtures de Maifons de Payfans, qui fervant
de baffe-cour ne feront pas inutiles au
Maître. Un Clocher, fi l'on en veut un,
fera le Colombier.

Les autres côtés, entièrement occu-
pés par des Taillis & des Balivaux, of-
friront fur le devant l'image d'un Bois

clair, qui s'épaiſſiſſant vers le fond, &
devenant impraticable par les Ronces
& les Epines, empêcheront qu'on ne
puiſſe approcher du mur de clôture.

Le centre découvert ſera une Pélou-
ſe, deſtinée à la pâture des Chevaux du
Maître, de l'Ane du Jardinier, de quelques Vaches & des Volailles qu'on y
conduira. Le trou à fumier ne ſera pas
oublié , au-devant d'une des Maiſons
de Payſans : dans la partie la plus baſſe
on pratiquera au moins une Mare.

S'il ſe trouve une Fontaine, publi-
que ou autre, dont on puiſſe recueillir
l'eau, la ſcène deviendra différente. Il
ne faudra pas manquer d'en former un
Ruiſſeau , proportionné à la quantité
d'eau qu'on pourra lui fournir. Alors,
il faudra non-ſeulement lui creuſer un
lit, mais diſpoſer les pentes de manière
que le Ruiſſeau ſemble être dans le lieu
le plus bas des environs, plus bas ſur-
tout que l'Habitation ; ſans quoi il y

faudroit renoncer. On verra le Ruiſſeau ſortir d'une partie marécageuſe du Bois : il pourra ſe perdre de même ; ou plutôt diſparoître ſous une Arcade d'une des Maiſons du prétendu Village.

VI. Veut-on une Solitude ? ce ſera une de ces Clairières de Forêts, dans leſquelles on trouve un petit Etang. C'eſt-là qu'à force de ſoins on fera croire n'en avoir pris aucun. Le terrain rendu inégal, garni de bois dans quelques endroits ; dans d'autres, aride & entre-coupé de roches, ſe trouvera n'avoir que le Ciel pour fond.

Le Ruiſſeau tranquille, qui amène l'eau dans l'Etang, ſera peu ondulé, par ce que, dans la Nature, les ondulations des Rivières ſont toujours aſſez éloignées, pour que dans l'eſpace de trois à quatre cens toiſes, il ne ſe doive trouver qu'un ou deux détours.

Un Chemin le borde & eſt ſuppoſé la Route d'un Village à un autre ;

une

une Maison de Charbonnier termine un
bout: de l'autre , la route s'arrête à la
porte d'une clôture suppofée, jettée en
avant de quelques toifes , & qu'on
croit le commencement d'un beau Jardin, à caufe de quelques Arbres taillés
qu'on apperçoit derrière.

VIII. Aime-t-on mieux un Lieu
champêtre ? Après s'être fait un fond ,
foit par un Bois taillis , foit par une
Haie avancée , derrière laquelle quelques Arbres fruitiers font foupçonner
un grand Verger ; des deux autres côtés , un mur de Terraffe en retour
d'équerre ou en portion de cercle ,
bâti fur le terrain un peu en deçà des
limites, fupportera , non pas une Montagne, (il n'appartient pas à l'Homme
d'en faire,) mais des terres difpofées
comme au pied d'une montagne.

Le bas de la Colline, tournée à la
bonne expofition , fera plantée de Vi-
gnes. Sur le côté , quelques Noyers

G

varieront l'afpect : enfin, le haut fe trouvera fermé par un petit mur de clôture, derrière lequel de grands Arbres
très-ferrés , & bien doublés de taillis,
pour empêcher qu'on ne voie le Ciel à
travers , fembleront une portion de
quelque Bois clos. On n'aura point de re-
gret de n'y pouvoir entrer; parce qu'on
le croira la poffeffion d'un voifin; &
que les Clôtures, hors defquelles on fe
trouve , ne font nullement l'effet en-
nuyeux de celles dans lefquelles on eft
enfermé.

CONCLUSION.

I. Ainfi & de cent autres manières
pourroit fe varier la Formation d'un
Jardin , dans le Genre libre , même
dans un lieu fort limité; pourvu que,
pour garder la vraifemblance , on fe
borne dans chacun à un feul Site , à
une Scène unique. Il n'appartient , en
effet , de réunir tous les Styles, qu'au

Formateur qui eſt aſſez heureux, pour travailler ſur un terrain vaſte & déja préparé par la Nature ; qui peut exercer ſon génie, ſur un de ces Baſſins terreſtres diſpoſé phyſiquement pour le cours d'une petite Rivière ; ſur un lieu déja couvert d'Arbres de différens âges & de diverſes eſpèces ; ſur un lieu, où il n'a qu'à retrancher ce qui le gêne & conſerver ce qui lui convient ; au lieu de le former avec la lenteur qu'exige la crue des Arbres, & que le Cenſeur empreſſé n'apporte pas toujours dans ſes Critiques ; car la prévoyance de ce que doivent devenir les Arbres, dans leur moyen âge, eſt une condition indiſpenſable pour la réuſſite d'une Formation.

II. Je le répète donc, en terminant ces Conſidérations : le Genre libre, bien préférable au Genre régulier, dans les grandes étendues, doit à ſon tour lui céder, ſans difficulté, la Formation du voifinage des Habitations, & de tous les lieux où l'opération Humaine eft reconnue. Mais ce Genre libre, pour être naturel, eft affujetti à beaucoup de convenances; & demande pour parvenir à fon but, qui eft également de plaire, au moins autant de méditations que le Genre régulier.

III. Enfin, fi aux loix dictées par le bon Goût, nous joignons les vues plus nobles de l'Intérêt général de l'Humanité; nous verrons le Genre régulier plus favorable à la Culture, dans les petits objets; & le Genre libre beaucoup moins difpendieux dans les grands, lorfqu'il fe conforme aux difpofitions de la Nature. Mais nous verrons auffi que ces immenfes Parcs réguliers, s'ils ne font deftinés au *Spaciement* d'une Ville entière, font un vol fait par l'orgueil des riches fur le Territoire commun; & que les dépenfes exigées par une mode capricieufe, pour

défigurer les Travaux économiques de
nos Ancêtres, font un autre vol fait à
la poftérité, des Avances foncières auxquelles ces richeffes euffent pu être
employées.

F I N.

A P P R O B A T I O N.

J'AI lu, par ordre de Monfeigneur le Garde
des Sceaux, un Manufcrit qui a pour titre :
Sur la Formation des Jardins ; je n'y ai rien
trouvé qui puiffe en empêcher l'impreffion.
A Paris, ce premier Février 1775.

FIDANSAT DE MAIROBERT.

De l'Imprimerie de CLOUSIER,
rue Saint-Jacques, 1775.

TABLE

DES SOMMAIRES.

CONDITIONS DES FORMATIONS

LIBRES.

Fin de la Table.